editorialSol90

Grandes personajes para niños

ISBN: 978-84-9820-703-3 (Obra completa)
ISBN: 978-84-9820-706-4 (Libro 3)

Coordinación editorial: **Rosa Salvía**
Redacción: **María José Gómez, Gonzalo del Castillo**
Ilustraciones: **Trebol Animation**
Diseño: **Fabián Cassan**
Diagramación: **Susana Ribot, Clara Miralles**
Producción editorial: **Montse Martínez, Xavier Dalfó**
Impreso en: **RR Donnelley Chile**

Grandes personajes para niños

Galileo Galilei

Cuando Galileo nació, en el año 1564, las cosas eran muy distintas a ahora. En las ciudades nadie caminaba por la acera, ya que la gente tenía la costumbre de arrojar a la calle las aguas inmundas y fecales, así como los desperdicios y basuras por las ventanas. ¡Vaya modales!

Por eso, los niños jugaban en la calzada con aros y pelotas de trapo, mientras a su lado pasaban los carromatos de los

Por las calles circulaban carromatos comerciantes repletos de frutas, verduras, conejos y gallinas para vender en el mercado.

En esos tiempos, por desgracia, también había guerras, así que de vez en cuando desfilaban los soldados, armados con espadas, lanzas y arcabuces.

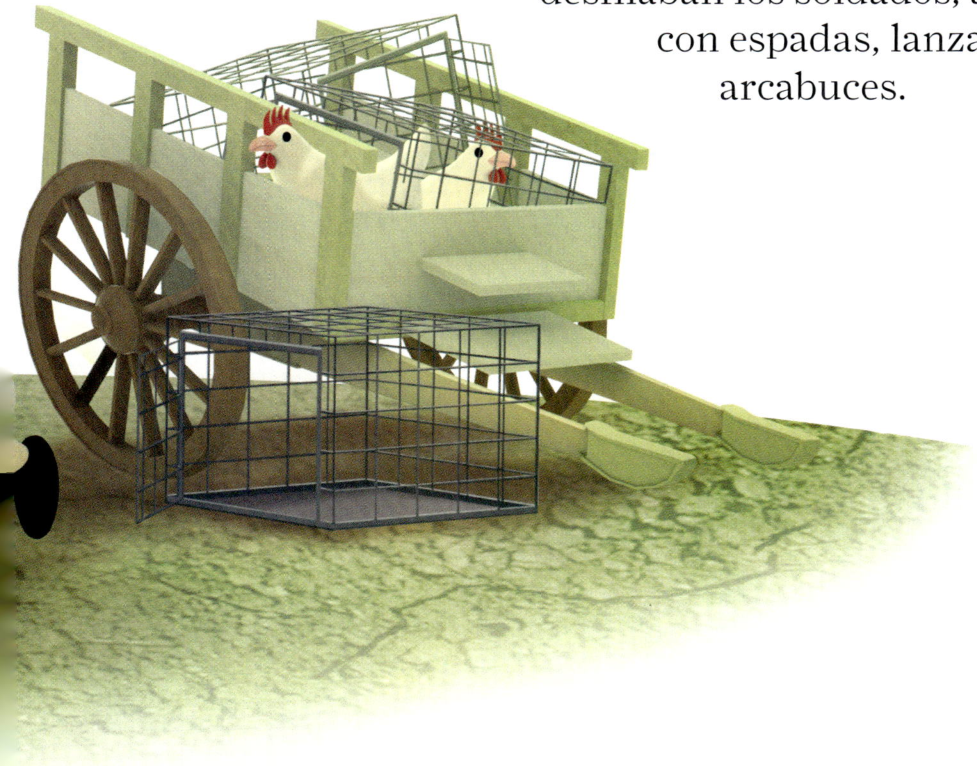

En la época de Galileo, el hombre navegaba en barco por los océanos, pero había muchos lugares que aún no habían sido explorados. ¡El mundo seguía siendo una caja de sorpresas! Y el Universo, desde luego, era un enigma mucho mayor.

Por ejemplo, aunque ahora nos parezca absurdo, se creía que la Tierra era el centro del Universo, y que el resto de planetas y el Sol giraban alrededor de ella.

Esta teoría era muy antigua y se basaba en los estudios de dos sabios griegos: Aristóteles y Ptolomeo.

La Iglesia defendía que era cierta, y si alguien opinaba en contra, se arriesgaba a que le consideraran un hereje. Y en aquella época los herejes, como las mujeres acusadas de brujería, acababan en la hoguera. ¡Qué horror!

Galileo nació en Pisa, una pequeña ciudad italiana famosa en todo el mundo por su torre inclinada. De hecho, está tan torcida que parece que se va a caer. Algún gracioso dice que se debe al estornudo de un gigante, pero la realidad es que no fue bien construida.
Un día, cuando Galileo ya gateaba, sus padres le llevaron a verla, y él se quedó un rato embelesado señalándola. Los misterios de las cosas ya le llamaban la atención.

La Torre de Pisa le dejó intrigado

–¿Te das cuenta de cómo se fija en todo nuestro pequeño? –comentó la mamá de Galileo.

–Eso es bueno –contestó su marido–. Le servirá de mayor, cuando sea médico.

Los padres de Galileo se llamaban Vincenzo y Giulia. Él era el primer hijo que tenían y su nacimiento les hizo sentir muy felices. El niño fue bautizado con el nombre de Galileo. Y como el primer apellido de su padre era Galilei, su nombre completo fue Galileo Galilei, que parece un juego de palabras, pero no lo es.

Con el tiempo, sus papás le dieron seis hermanos, y él, al ser el mayor, fue el responsable de todos ellos.

Hasta la edad de ocho años, Galileo fue educado por sus padres. Vincenzo, su papá, se ganaba la vida con el comercio, aunque

era músico. De hecho,
enseñó al pequeño
Galileo a tocar el laúd,
pero aun así no quería
que se dedicara a la
música. Prefería
que estudiase
medicina y se
labrara un
porvenir.

Galileo era un muchacho formal, obediente y cariñoso. Disfrutaba jugando y riendo con otros niños, y no resultaba nada distinto a ellos. Además, tenía una gran virtud: siempre quería saber el porqué de las cosas. Por ejemplo, le gustaban mucho las estrellas, allí, en el firmamento, tan hermosas...

–Papá, ¿están muy lejos las estrellas y los planetas de nosotros?
–Mucho, hijo mío. Tan lejos que nunca llegará nadie a ellos.
–A veces me parece que con un gran salto se podría llegar a la Luna –comentó el jovencito Galileo.
–También parece que el Sol es una pequeña bola naranja. Pero ya sabes que no hay que mirarlo directamente, porque te quedas ciego –respondió su padre.

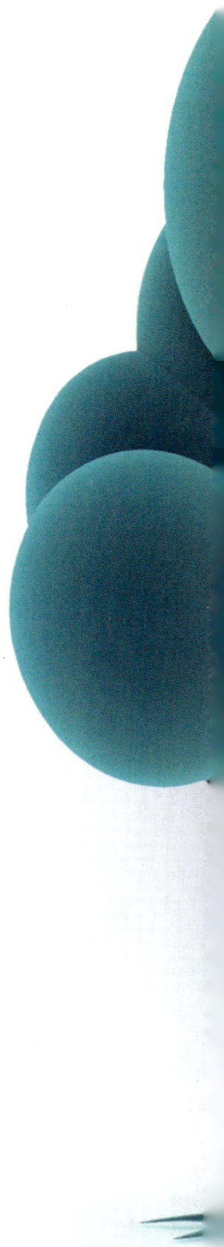

Un día, sus padres se mudaron a Florencia y le dejaron en Pisa al cuidado de un familiar. Cuando cumplió diez años, ingresó en un monasterio. Galileo fue muy creyente toda su vida. Incluso cuando tuvo serios problemas con la Iglesia, como veremos más adelante...

En esta etapa, siguió sintiendo curiosidad por todo lo que le rodeaba. Por ejemplo, cuando el padre prior le llevó de visita a la catedral de Pisa, se quedó fascinado ante una lámpara del techo que se balanceaba debido

a la corriente de aire. La observó fijamente y contó cuántas veces iba de un lado a otro hasta detenerse.

–Si siempre se balancea el mismo número de veces en un minuto, será por algo... –reflexionó.

–¡Ay, Galileo, siempre pensando en las musarañas! Venga, regresemos al monasterio, a ver si riegas los tomates del huerto y luego estudias un poco –le interrumpió el padre prior.

El joven Galileo dejó el monasterio al cabo de unos años por deseo de su padre, empeñado en que fuera médico. Así fue como entró en la Universidad de Pisa, con más ganas de aprender que nunca. Sin embargo, no tardó en dejar la carrera de medicina, ya que recibiendo clases descubrió su gran pasión: las matemáticas. Quizás era porque daban una solución exacta a cada problema planteado.

Pensó que Copérnico podía tener razón

Pero no olvidó su afición por la astronomía y leyó muchos libros, entre ellos los de Nicolás Copérnico. Este astrónomo polaco sostenía algo sorprendente: no sólo que la Tierra y los demás planetas giraban sobre sí mismos, sino que todos ellos daban vueltas alrededor del Sol. A Galileo, esto le hizo pensar...

Con el tiempo aprendió tanto sobre las matemáticas que pasó de ser alumno a convertirse en profesor. Su aplicación fue dando muy buenos resultados. Primero, inventó la balanza hidrostática, con la que pudo medir el peso específico de los cuerpos.

Poco después experimentó sobre la caída de los objetos. Para ello, se subió a lo alto de la famosa Torre de Pisa y dejó caer dos bolas de idéntica forma y volumen, pero de diferente peso... ¡Y tardaron el mismo tiempo en caer! Galileo, sin darse cuenta del todo, estaba fundando la mecánica,

la rama de la física que demuestra que los fenómenos de la naturaleza siguen reglas matemáticas.

Para tranquilidad de los lectores, añadiremos que antes de tirar las bolas comprobó que nadie paseaba por debajo...

El tiempo pasó volando. Galileo quiso formar una familia y se casó con Marina, una joven veneciana. La pareja tuvo tres hijos: Virginia, Livia y Vincenzo. En aquellos años estuvo muy ocupado con ellos y no tuvo demasiado tiempo para investigar.

Pero por las noches, cuando los pequeños dormían, subía al desván y trabajaba un poco en sus experimentos. Fue así como perfeccionó sus leyes del péndulo y la caída libre de los cuerpos. Un día, un amigo le informó por carta de que en Holanda existían unos aparatos que ampliaban el campo y la distancia de la visión.

Galileo se entusiasmó. Tras conseguir estas lentes que parecían mágicas, las estudió detenidamente. Con ellas y otros materiales, inventó un anteojo que agrandaba los objetos hasta quince veces.

Era el primer "telescopio" de la historia.

Su anteojo permitía agrandar los objetos

Con este primitivo anteojo, Galileo comenzó a explorar el cielo sin descanso. Y se llevó grandes sorpresas: la superficie montañosa de la Luna, los satélites de Júpiter, los anillos de Saturno, los satélites de Marte, las fases de Venus... ¡Si hasta el Sol tenía manchas y rotaba sobre su propio eje! Durante años, se pasó las noches observando el Universo y tomando notas...

Observó el **Universo** y se llevó sorpresas

En un viaje a Venecia invitó al gran duque y a otros hombres poderosos a conocer el anteojo que había inventado. Quería obtener su aprobación. Así que todos subieron al campanario de la iglesia de San Marcos y observaron a través de aquel extraño tubo.
El gran duque lo enfocó hacia el mar y quedó maravillado. ¡Se podían ver barcos que estaban a más de diez millas!

–¿Qué os parece mi invento, excelencia? Podéis mirar hacia arriba, con él se pueden ver las estrellas en el cielo –comentó Galileo al gran duque.

–¿Y para qué perder el tiempo mirando las estrellas? Su invento es sensacional, Galileo. Con él podemos descubrir los barcos enemigos mucho antes de que lleguen a nuestras costas. Así los podremos pillar por sorpresa y hundirlos.

Galileo se sintió decepcionado. El gran duque no había entendido nada. Para aquel hombre, el anteojo con el que se podía explorar el Universo no era más que un instrumento militar.

De nuevo en Pisa, pronto se olvidó de las palabras del gran duque y continuó trabajando por las noches, con más convicción que nunca. Calculaba las posiciones de los astros y apuntaba un número tras otro en su cuadernillo de notas. De repente, un día comprobó que todos sus descubrimientos encajaban a la perfección. Entonces exclamó:

–¡Aristóteles y Ptolomeo eran muy sabios, pero se equivocaron, porque la Tierra no es el centro del Universo! ¡Era Copérnico el que tenía razón! ¡La Tierra gira alrededor del Sol, como el resto de los planetas! ¡El Sol es el centro del Universo!

Estaba tan contento del buen resultado de sus investigaciones que dio unos cuantos saltos, e incluso derramó el tazón con leche que tenía en una mesita.

Supo que **el Sol** es el centro del Universo

Galileo explicó sus sensacionales
investigaciones en varios libros.
Creía en Dios y respetaba la Biblia,
pero había descubierto algo nuevo
y tenía que contarlo.

Las obras de Galileo irritaron a la Iglesia

Para su desgracia, las obras también
fueron leídas por los hombres del Santo
Oficio, más conocido como la Inquisición.
Esta institución, que se encargaba de que nadie
llevara la contraria a la Iglesia, podía recurrir
a veces a métodos despiadados como la tortura.

A los inquisidores no les hizo ninguna gracia que
Galileo defendiera el heliocentrismo, es decir, la teoría que
afirmaba que todos los planetas giraban alrededor del Sol.

Poco tiempo después, Galileo fue acusado de hereje y juzgado por la Inquisición. Como podía acabar en la hoguera, tuvo que decir ante el tribunal que se había equivocado, que lo que había escrito no era cierto... aunque él sabía que sí.

–Me arrepiento de mis palabras –dijo–. La Tierra es el centro del Universo, y el Sol gira alrededor de ella. Pido humildemente perdón.

El tribunal se quedó satisfecho, pero no oyó lo que el astrónomo murmuró en voz baja:

–Y, sin embargo, se mueve.

Se refería a la Tierra, que sí gira alrededor del Sol, y no al revés.

Galileo fue condenado a retirarse de la vida pública. En los últimos años de su vida, su salud empeoró. Poco a poco, fue perdiendo la vista.

Desilusionado, enfermo y ciego, sólo le quedó el consuelo de la compañía de Clemente. Este joven hermano escolapio, al que dictaba cartas, se convirtió en su fiel secretario. Juntos mantenían animadas charlas.

¿Adivinan cuál era el tema favorito de Galileo? Pues sí, el Universo...

Se quedó ciego al final de su vida

En la actualidad, sabemos que él tenía toda la razón. Fue un genio adelantado a su tiempo, cuyos descubrimientos y leyes dieron un impulso formidable a la astronomía y a la física. Muchos siglos después, la Iglesia pidió perdón por la injusticia cometida.

Hoy en día, la Torre de Pisa, que hace mucho, mucho tiempo, llamó la atención de un niño que gateaba, el pequeño Galileo Galilei, todavía aguanta en pie y miles de turistas la visitan cada año para fotografiarla.

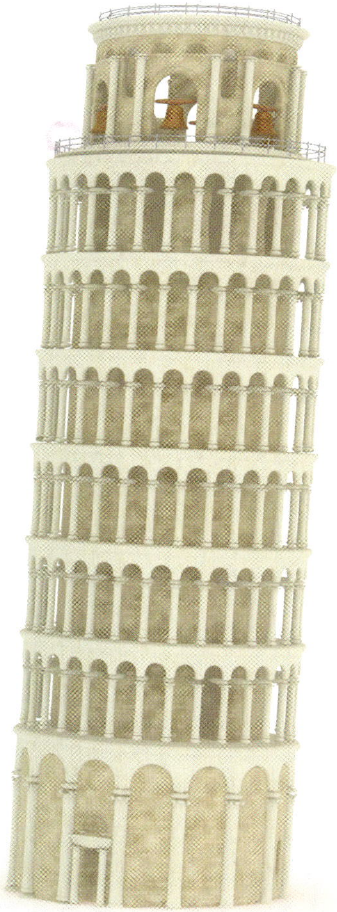

fin

Para saber más

Descubre al genio

Observó el Universo

como nadie lo había hecho antes. El anteojo que fabricó agrandaba mucho los objetos, y pudo estudiar con detalle la superficie de los planetas, los satélites, las estrellas...

Sus descubrimientos

revolucionaron por completo la astronomía. La idea que se tenía del Universo cambió para siempre; sobre todo, el papel que desempeñaba el Sol en nuestra galaxia, la Vía Láctea.

Fechas clave

Galileo nace el 15 de febrero en Pisa (Italia).

1564

Con diecisiete años de edad, Galileo se matricula en Artes en la Universidad de Pisa.

1581

Se consagra al estudio de las ciencias e inventa la balanza hidrostática, a la que llama “bilancetta”.

1586

Estudia la caída de los objetos. Da clases de Matemáticas.

1589-1592

Construyó el primer gran telescopio

Así era en realidad el anteojo ocular divergente que construyó Galileo.

Crea el famoso anteojo ocular divergente que lleva su nombre. Observa el Universo y toma valiosas notas.

1609

Publica sus teorías en "Diálogo sobre los sistemas máximos".

1632

La Inquisición le juzga y es obligado a renegar de sus ideas astronómicas. Se retira de la vida pública.

1633

Fallece el 8 de enero con 78 años en Arcetri (Italia).

1642

Descubre al genio

Estudió el peso de los cuerpos

y comprobó que caían al suelo por leyes físicas. Dio los primeros pasos hasta hallar la explicación definitiva al problema: la teoría de la gravedad, enunciada más tarde por Isaac Newton. Éste se basó en los estudios de Galileo para elaborarla.

Comprobó que el péndulo oscila en intervalos de tiempo iguales y estableció las leyes del movimiento pendular.

Aportes

1 Es el fundador de la ciencia mecánica moderna. Logró demostrar que los fenómenos de la naturaleza siguen reglas matemáticas.

2 Elaboró fórmulas sobre la caída de los cuerpos y la inercia, con lo que anticipó la teoría de la gravedad de Newton.

3 Exploró el Universo con su anteojo y descubrió muchas cosas sobre los planetas. Además, comprobó que el heliocentrismo era cierto.

Descubrió los satélites de Júpiter y el relieve lunar

Las teorías de Galileo chocaron contra los prejuicios de su época.

Aprende más

El heliocentrismo.

Esta teoría, que afirma que el Sol es el centro del Universo, fue planteada por Copérnico y demostrada por Galileo. Los planetas del sistema solar –Tierra, Marte, Mercurio, Venus, Júpiter, Saturno, Urano, Neptuno y Plutón– giran alrededor del Sol. Este movimiento se llama traslación.

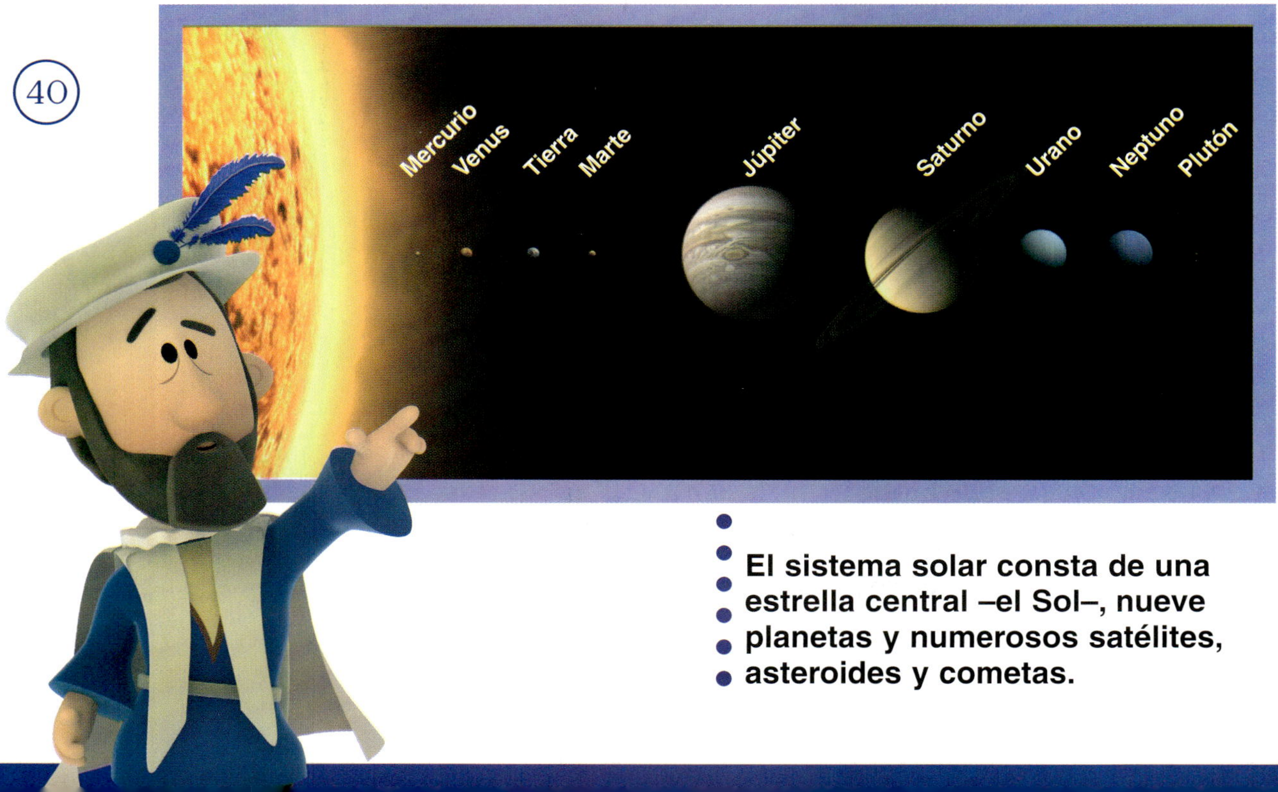

El sistema solar consta de una estrella central –el Sol–, nueve planetas y numerosos satélites, asteroides y cometas.

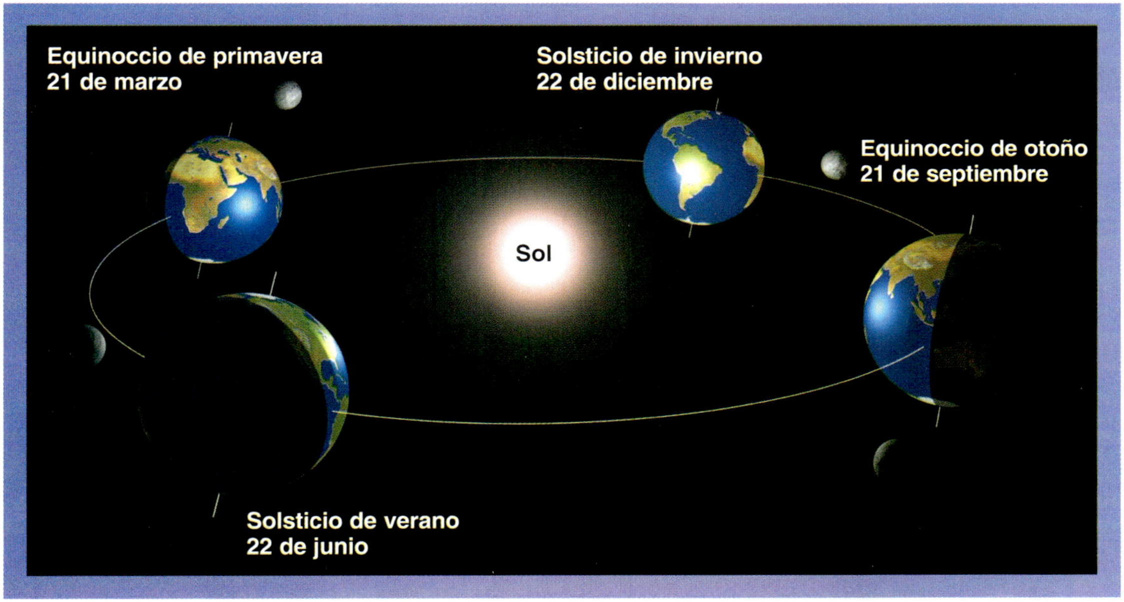

La traslación.

La Tierra tarda 365 días y 6 horas en completar una vuelta alrededor del Sol: es decir, un año. Durante esa órbita, pasa por cuatro posiciones clave, que indican su mayor o menor distancia al Sol. Estas posiciones marcan las estaciones del año: primavera, verano, otoño e invierno.

De la Tierra al Sol hay 150 millones de km

Aprende más

¿Quieres fotografiar la Luna?

Materiales
Cámara de fotos • Prismáticos • Trípode o pila de libros • Cinta adhesiva

1 Hagan el experimento con sus papás. Coloquen una cámara de fotos en un trípode, o sobre una pila de libros. Así la cámara tendrá estabilidad y la foto no saldrá movida.

2 Acoplen al objetivo de la cámara de fotos uno de los dos visores del prismático. Se puede hacer, por ejemplo, con cinta adhesiva.

3 Para que la foto no salga demasiado brillante, la compensación de la exposición debe estar al mínimo; y el zoom óptico, al máximo. Se enfoca a la Luna y se activa el modo automático. La foto se hará sola al cabo de unos segundos. ¡Y ya está!

¿Qué es un telescopio?

Es un instrumento óptico cuyo sistema de lentes especiales permite observar imágenes muy alejadas. Existen naves espaciales que funcionan como telescopios y registran imágenes de estrellas a... ¡10.000 años luz de la Tierra!

El telescopio del Observatorio del Monte Palomar (California) es uno de los más potentes del mundo.